U0009482

金老佛爺的韓式餐桌

킴라파예트의
한식 집밥 이야기

Kimlafayette's Korean 45 Home Cuisine

不論你是第一次看到我還是已經認識我很久，我都很開心，因爲這本書是爲了感謝這些年每一個支持愛護與鼓勵金老佛爺的金寶貝們，所寫下的一本書，眞心誠意地獻給每位和我互動過的朋友，不論是加油鼓勵或叮嚀提醒，我都非常珍惜。

這本書就是要把最道地的韓國生活料理分享給寶貝們，讓大家在不能出門、出國旅遊的時候，可以一起動手做，在家就能完成道地的韓國料理。透過這本書，就算你是料理新手也能做出讓韓國朋友喜愛的料理，書裡面除了我親手完成的每道料理，每個章節也有我想對寶貝們說的話喔！寶貝們，讓我們一起輕鬆簡單的做出道地韓式料理，不論是家庭還是親友聚會，都能拿出驚豔大家的手藝。跟我一起玩吧！眞的一點都不難。

最後我要感謝我的父母，讓我有很好的料理基礎，我的另一半 MIU 喔爸幫我顧好兩個寶寶，讓我可以專心料理，更感謝大塊文化剛好在我有這樣的想法時，來找我一起完成這一本韓國料理書，還有我的編輯，好像是認識我很久的朋友，馬上能抓到我的心。另外，我要特別對超級細心又非常有美感的攝影師道謝，謝謝他讓每道料理都能原味呈現在鏡頭前，還有本書的設計、行銷，以及贊助的廠商與敲碗支持我的每一位親友。當然，我最感謝還是正在閱讀本書的你，讓我親手爲你完成 45 道陰影吧！（誤）是韓式料理才對。

많은 사랑을 주셔서
모든 분들께 진심으로
감사를 드립니다.

Content

輕鬆學！韓劇、韓綜經典美味

超省力！一鍋到底人氣鍋物

1
오뚜기
향긋한
들기름
OTTOGI PERILLA OIL
2
해표
딱 한번 짠
고소한 참기름
PREMIUM SESAME OIL
3
순도 100%
오뚜기
純
순후추
4
5
맛있는
해찬들
태양초
고추장
1등
6
신송
짠맛을 줄인
건강한 재래된장
SOYBEAN PASTE
500g (850kcal)
7
8
백설
요리가 맛깔스럽게 살아나는
요리당
9
신송
이온물엿
CORN SYRUP
10
청정원
대나무숙성
멸치액젓
11
SAJO
사조
참치액
SAJO TUNA SAUCE
한스푼으로
요리의 완성
다양한 요리에
감칠맛을
더할 때!
12
청정원
저온숙성
새우액젓
100% 국산 새우

1 紫蘇油들기름

富含豐富營養成分的紫蘇油，在韓國料理中很常使用，可以取代植物油，建議先加熱不要直接食用。

2 芝麻油참기름

韓國的麻油爲白芝麻提煉而成，香氣濃郁，是韓式料理不可或缺的醬料之一，通常用於涼拌菜或料理起鍋前，可直接食用不需再加熱。

3 胡椒粉순후추

香氣濃郁的黑胡椒，是韓式料理的基本款調味料，完全沒有添加鹽巴調味，是一款 100% 黑胡椒粉。

4 白芝麻참깨

幾乎每道料理都需要白芝麻，韓國的白芝麻都有先炒過，可以增添食物香氣與口感。

5 辣椒醬고추장

用途廣乏是韓式料理不能缺少的靈魂，可應用於各種辣味料理的調味。

6 大醬된장

大醬是經過黃豆發酵做成的，跟日本味噌相似，但味道和香味卻非常不同，大醬湯的成敗取決於大醬味道，也有韓國人會自製大醬做出自家專屬的大醬湯。

7 全蔗糖원당

甜度低於白砂糖，帶有豐厚的焦糖風味，用於料理可增添香氣。

8 料理糖液요리당

味道跟糖一樣但熱量相對低很多，在韓國如果料理需要用到糖，我們會直接使用料理糖液來代替，料理糖液經過高溫加熱後糖味會降低，建議使用於不需烹煮的涼拌菜。

9 玉米糖液물엿

玉米糖液的黏性高，能讓料理看起來有光澤，通常於料理起鍋前使用。

10 鯷魚魚露멸치젓

魚露可以提升料理的鮮味，通常做泡菜的時候會使用鯷魚魚露來提味。

11 鮪魚風味調味液참치액

類似日本柴魚麵味露，是一款可以代替醬油的調味料，多使用於湯品鍋物，讓料理的美味層次再升級。

12 蝦露새우젓

帶有淡淡的蝦味，用量只要一點點就能讓料理帶有鮮味。

13
14
15
16
17
18
19
곰표
노릇노릇 고소하고 쫄깃한
부침가루
KOREAN PANCAKE MIX
오래오래 살아있는 바삭한
튀김가루
FRYING MIX
백설
BEKSUL
맛있는 프라이드치킨을 집에서 간편하게
치킨튀김가루
Fried chicken mix for cooking
Authentic & Delicious Korean Taste
100% 태양초
착한 고춧가루
Chackhan Red Pepper Powder
500g
몽고간장 진
MONGGO SOY SAUCE JIN
샘표
국간장
Sempio
Soy Sauce
Best for Soup
매실청
베이스

13煎餅粉부침가루

煎餅粉本身已經經過調味，只需將食材與煎餅粉拌匀，就能做出各式煎餅。

14酥炸粉튀김가루

是炸物美味的秘訣，適用各種食材，要做出酥脆的炸物，一定要有酥炸粉！

15炸雞粉치킨튀김가루

韓國專用的炸雞粉，讓你零失誤複製韓劇韓綜酥脆炸雞。

16粗細辣椒粉고춧가루

大小不一樣溶解速度也不同，粗辣椒粉多用於做泡菜、拌菜、炒菜；細辣椒粉則用於煮湯、醬料使用。細辣椒粉顏色較粗辣椒粉鮮紅，想要料理紅艷顯色可以多放細辣椒粉。本書料理中沒特別強調使用粗細辣椒粉時，寶貝們可依家裡有什麼就用什麼。

17濃醬油진간장

顏色較深且帶有甘味，即使加熱也不會改變風味，適用於滷、炒、醬燒等需要長時間烹調的料理。濃醬油等於台灣的低鹽醬油。

18湯醬油국간장

鹹度比較高的醬油，適用於湯品、鍋物的調味，相較於濃醬油顏色較淺，不會讓整鍋湯變黑變濁，湯醬油也適用於涼拌小菜。

19青梅濃縮液매실청

想要料理中呈現酸甜口感，就少不了青梅濃縮液，許多帶有酸甜口感的小菜，就是添加青梅濃縮液。

1 小匙＝ 5ml　1 湯匙＝ 15ml

반찬 零油煙！韓式常備小菜

韓國非常在意「우리（我們）」的概念，韓國小菜對我們來說就是一種人情味，也有大家都是一家人的感覺。小菜中一定要有的就是泡菜，每個家庭都會有不同風味的泡菜，在我們家，只要有小菜配白飯就可以是一餐，韓國小菜對我們來說是絕對必要的餐前美食。因爲戰亂，韓國曾經是世界上最窮的國家，加上天氣乾冷冬天無法種菜，所以我們會醃製蔬菜，這樣冬天就有菜可以吃。

當你到韓國觀光時，一定會感受到韓國人都很急性子，不論是計程車司機、餐廳內的奶奶們或是有些店家都很沒耐心，所以進到餐廳一定要先有小菜來充飢。

韓國小菜也代表了韓國人情味，在韓國的餐廳無論你點甚麼餐，桌上總是有超過 12 道以上的小菜，不管客人是一個人或一群朋友一起用餐，店家都會提供小菜吃到飽，爲的就是讓每個客人都有回家吃飽飯的感覺，只要你想繼續吃，都可以揮手說「반찬주세요（請給我小菜）」喔！

#1 멸치볶음

韓式炒小魚乾

小魚乾：300g 植物油：3小匙

全蔗糖：3湯匙 米酒：1湯匙

芝麻油：1湯匙 水：1湯匙

紅、綠辣椒：各1／2條，切片

1 在鍋內加入植物油、小魚乾以小火慢慢炒，炒到變金黃色起鍋備用。2 同一支空鍋，倒入全蔗糖、米酒、芝麻油、水，以小火慢慢讓糖融化，將小魚乾倒入鍋內拌炒，最後放入辣椒拌勻，起鍋後讓小魚乾放涼。3 小魚乾涼後撒入白芝麻，裝入保鮮盒放冰箱。可以保存一個月。

#2 배추겉절이

韓式涼拌大白菜

大白菜：1顆 水：300ml 麵粉：50g

辣椒粉：150g（粗細各半） 鯷魚魚露：60ml

青梅濃縮液：45ml 蒜泥：30g 薑泥：15g

蔥：6支，切蔥花 蘋果泥：1顆，磨成泥

白芝麻：15g 芝麻油：20ml

1 把白菜一葉一葉分開並清洗乾淨，大片白菜用手折成適合大小，放著瀝乾水。2 準備醬料，準備一鍋水加麵粉以小火煮開後，加入辣椒粉拌勻。3 再加入鯷魚魚露、青梅濃縮液、蒜泥、薑泥、蔥、蘋果泥拌勻均勻拌入白菜葉讓每片白菜都沾到醬料。4 留一部分加入芝麻油、白芝麻拌勻就可以馬上吃，其餘的涼拌白菜裝入保鮮盒放進冰箱保存2週。

\#3 오이무침

涼拌小黃瓜

小黃瓜：3 條，切片 洋蔥：半顆，切薄片

辣椒醬：1 湯匙 辣椒粉：1 湯匙 糖：1 湯匙

低鹽醬油：1 湯匙 蜂蜜：1 湯匙 醋：3 湯匙

芝麻油：1 湯匙 蒜泥：1／3 湯匙

白芝麻：1 小匙

1 調醬料，辣椒醬、辣椒粉、糖、醬油、蜂蜜、醋、芝麻油、蒜泥、白芝麻混合均勻。2 黃瓜、洋蔥放入碗內，再加入步驟 1 的醬料，輕輕攪拌讓每片黃瓜、洋蔥都均勻沾滿醬料。3 將步驟 2 倒入保鮮盒放進冰箱，要吃的時候再拿出來。此醬料也可應用在涼拌海帶芽、涼拌萵苣，放冰箱建議 3 天內要吃完。

\#4 메추리알장조림

韓式醬燒牛肉鵪鶉蛋

胡椒粉：5g 月桂葉：4 片 老薑：5g，2 片

蔥頭：約 10g 米酒：20ml、45ml

牛腱心：200g 水：約 1L，能蓋住牛肋條就可以

大蔥：1 支，切段 洋蔥：1 顆，切半

水梨：半顆 胡椒顆粒：5g 粗鹽：1／2 湯匙

低鹽醬油：100g 青梅濃縮液：3 湯匙 鵪鶉蛋：60 顆

白砂糖：2 湯匙 蒜頭：10 瓣 綠辣椒：3 條

1 氽燙牛腱心，起一鍋滾水（份量外）加入胡椒粉、2 片月桂葉、1 片老薑、蔥頭、20ml 米酒，去除牛肉裡的血水與雜質，約 10 秒鐘後起鍋備用。2 熬高湯，另起一支壓力鍋，倒入水、大蔥、洋蔥、老薑、月桂葉、水梨、胡椒顆粒、粗鹽以大火煮滾，再以小火煮 15 分鐘關火。3 在步驟 2 加入醬油、青梅濃縮液、白砂糖、45ml 米酒、鵪鶉蛋以中火煮，水滾後放入牛腱心、蒜頭、綠辣椒繼續煮約 20 分鐘。4 先將牛肋條取出放涼，並將牛肋條撕成容易吃的大小，其他食材繼續煮 5 分鐘。5 把鍋內所有食材撈出來，牛肋條絲再放回鍋內以滾水煮約 10 秒起鍋關火。6 將鵪鶉蛋盛盤，可再加入步驟 3 的滷汁、鋪上牛肋條絲即可。

#5 감자조림

韓式醬煮馬鈴薯

馬鈴薯：3 顆，切塊 植物油：適量

蒜頭：5 瓣，切蒜片 低鹽醬油：3 湯匙

辣椒醬：1／2 湯匙 玉米糖液：3 湯匙

青梅濃縮液：2 湯匙 水：7 湯匙

糯米椒：1 條，切片 白芝麻：適量

1 馬鈴薯先泡水約 10 分鐘，把澱粉洗掉烹煮時比較不容易鬆散。2 把切塊的馬鈴薯放進微波爐加熱 5 分鐘放涼備用。3 起一炒鍋，倒入植物油跟蒜片一起炒出香味，再放入馬鈴薯與蒜片一起拌勻。4 倒入低鹽醬油、辣椒醬、2 湯匙玉米糖液、青梅濃縮液、水，全部放在一起小火慢慢醬煮，煮到水分收乾就可以了。5 最後轉大火放剩下的 1 湯匙玉米糖液、糯米椒趕快攪拌攪拌就熄火，起鍋後再撒上白芝麻即可享用。

#6 우엉조림

韓式醬燒牛蒡

牛蒡：2 條 芝麻油：2 湯匙

黑糖：2 湯匙 低鹽醬油：4 湯匙 水：400ml

玉米糖液：2 湯匙

1 去除牛蒡表面較粗的外皮，切成每段約 5 公分的大小後以清水沖洗乾淨，再將牛蒡切絲，有些人直接接觸牛蒡後手會癢，建議帶手套處理。2 起一炒鍋，加入芝麻油以中小火炒牛蒡絲約 2～3 分鐘。3 加入黑糖、醬油繼續拌炒。4 加水繼續以中小火蓋鍋煮 15 分鐘。5 確認牛蒡熟了加入玉米糖液，轉最小火蓋鍋煮到水分收乾即可。

#7 어묵볶음

韓式炒醬油魚板

魚板：3 張，切成適合吃的大小 高湯：80ml

洋蔥：1／4 顆，切絲 蒜泥：1／2 湯匙

低鹽醬油：2 湯匙 米酒：1 湯匙

白砂糖：1／2 湯匙 胡椒粉：5g

辣椒：3 條，切片 玉米糖液：1 湯匙 白芝麻：10g

1起一熱鍋噴油把魚板放進鍋內炒。2等魚板開始變黃金色的時候放進高湯、洋蔥、蒜泥、低鹽醬油、米酒醬煮到水分快收乾。3等水分收乾後，加白砂糖、胡椒粉攪拌。4熄火之後放入辣椒、玉米糖液拌勻，起鍋前撒上白芝麻即可。

#8 부추무침

涼拌韭菜

韭菜：1 把，切段約 5 公分長 辣椒粉：2 湯匙

低鹽醬油：1 湯匙 芝麻油：1 湯匙 蜂蜜：1.5 湯匙

鯷魚魚露：1 湯匙 白芝麻：適量 洋蔥：半顆，切薄片

白醋：2 湯匙

1清洗韭菜並晾乾。2將韭菜段放入碗中，加辣椒粉、低鹽醬油、芝麻油、蜂蜜、鯷魚魚露、白芝麻，攪拌均勻。3最後加入洋蔥並繼續拌勻。4先試一下味道，覺得可以後再加入白醋拌勻即可。

한국 드라마와 예능 속 그 요리

輕鬆學！韓劇韓綜經典美味

每次追韓劇、韓綜的時候，除了對螢幕中的歐巴流口水，看著主角們在劇中大啖韓式料理時，是不是也覺得肚子好餓，劇中的每道料理，都會讓我想起韓國家裡的媽媽味。因爲疫情的關係，老金好久沒回韓國了，突然很想吃韓劇、韓綜裡的料理該怎麼辦？想來想去也只能自己做了！

不論是全智賢的「來自星星的炸雞」、宋仲基的「太陽的冷麵」或黃正音的「雙甲菜包肉」，都可以自己動手做喔！這個單元中我會分享韓劇、韓綜中的料理該怎麼做，下次追劇的時候，甚至可以舉辦一個韓劇韓綜料理派對，邀請親朋好友們一起參與，大家一邊吃美食一邊追劇，讓彼此的感情更加溫，看劇看得更過癮喔！

#9 양념치킨

《來自星星的你》韓式半拌炸雞

韓劇讓全球刮起炸雞風潮，
一次品嘗兩種口味混搭，滿足什麼都想吃的炸雞控。

1 把棒棒腿、雞翅放入碗中，加鹽、醋抓勻後以清水沖洗乾淨，可去除雞肉的腥味。

2 在每塊雞肉上剪一刀，可讓醬料更容易入味，加入雞粉、胡椒粉、米酒攪拌均勻後，裝保鮮盒放冰箱醃製至少 12 小時後，把牛奶倒入保鮮盒中拌勻，再放 2 小時醃製。

3 240g 炸雞粉倒進步驟 2，均勻混合在每塊雞肉上。

4 另外的 300g 炸粉裝進塑膠袋中，再倒入麵包粉均勻混合，把雞肉放入塑膠袋中，讓粉均勻沾在雞肉上。

5 起一鍋炸油，鍋熱後把雞肉放入鍋裡炸，第一次炸 9 分鐘，要不時的翻滾雞肉，時間到把雞肉取出並撈出炸油中的雜質及殘渣。

6 雞腿肉第二次下鍋炸 2 分鐘，時間到了將雞肉起鍋瀝乾。

7 製作炸雞醬料，把醬料材料混合拌勻。

8 把炸雞分成兩份，一份吃原味，另一份與步驟 7 的醬料混合即可。

雞肉醃製

棒棒腿	5 支
雞翅	5 支
雞粉	2 湯匙
胡椒粉	1 湯匙
米酒	2 湯匙
牛奶	240ml
炸雞粉	240g（加進牛奶）、300g（當炸粉）
麵包粉	100g

炸雞醬料

辣椒醬	45g
番茄醬	75g
蜂蜜	220g
低鹽醬油	35g
細辣椒粉	15g
黃糖	50g
蒜泥	65g
白芝麻	10g

kim's note

想炸出外皮酥脆的炸雞，要選用帶皮的雞肉，讓雞皮、雞肉均勻沾上炸粉，油炸後才會酥脆好吃。

HIKARI

#10 비빔물냉면

《太陽的後裔》韓式冷麵

韓式冷麵吃起來冰冰涼涼，
Q彈麵條搭配力道十足的辣醬，風味極佳。

冷麵麵條：1 把

冷麵辣拌醬

水梨：1 顆，削皮切塊

蘋果：1／2 顆，削皮切塊

洋蔥：1／2 顆，切塊

薑片：2 片

低鹽醬油：100g

細辣椒粉：200ml

水：100ml

料理糖液：100ml

白砂糖：3 小匙

青梅濃縮液：2 湯匙

鹽：1 小匙

蒜泥：2 湯匙

芝麻油：2 湯匙

白醋：3 湯匙

白芝麻：30g

1 做冷麵辣拌醬，將水梨、蘋果、洋蔥、薑片、醬油放入調理機打成泥倒入碗中，加辣椒粉拌勻、加水繼續攪拌，再加入料理糖液、白砂糖、青梅濃縮液、鹽、蒜泥、芝麻油、白醋、白芝麻拌勻，裝入保鮮盒放進冰箱熟成 3 天。

2 做醃蘿蔔，把蘿蔔片放進玻璃保鮮盒，另取一個鍋倒入溫糖、醋、鹽、開水，以小火煮滾，同時把細辣椒粉裝進茶包袋並放入保鮮盒，水滾後立刻沖進玻璃保鮮盒裡，待放涼後蓋上蓋子放進冰箱 1 天。

3 牛腱心去腥味、煮牛腱心，請參考 P19，等牛腱心煮熟放涼後切片備用。

4 煮麵條，水滾後把麵條放進去，計時 40 秒關火，把麵條撈起來沖水去除澱粉後裝入碗中。

5 在麵碗先加 1～2 匙的蘿蔔湯、牛腱心高湯，再放 1～2 匙步驟 1 的辣拌醬，並放入 1／2 個水煮蛋、淋上芝麻油即可享用。

kim's note

◎家裡的水梨如果是超大顆用 1／2 顆就好，冷麵辣拌醬最少要放進冰箱 1 天才會好吃。

◎醃製蘿蔔湯頭要以滾水直接淋到白蘿蔔上，這樣白蘿蔔才會有脆脆的口感。因爲我不喜歡蘿蔔白白的，另外加入細辣椒讓蘿蔔上色，不想要辣椒粉的顆粒感，可將辣椒粉裝進茶包袋解決這個問題。

◎煮冷麵的秘訣就是水滾後把麵條放進去，時間到了把麵條撈起來沖冰塊水，用手搓揉麵條就像洗衣服一樣，把麵條上的殿粉洗掉才會 Q 彈好吃。

醃蘿蔔

白蘿蔔：700g，削皮切薄片

全蔗糖：170ml，白砂糖也可以

醋：170ml

鹽：1／3 匙

滾水：400ml

茶包袋：1 個

細辣椒粉：2 小匙

其他配料

小黃瓜：1 條，切絲

水煮蛋：1 個，對半切

芝麻油：適量

#11 돼지수육 보쌈

《雙甲路邊攤》菜包肉

包著吃的韓國經典美味，
清爽不膩的白煮肉配上生菜、泡菜，包出自己的味道。

1 三層肉先用鹽巴、燒酒洗乾淨、去腥味。

2 煮肉，起一鍋水加入洋蔥、薑、蘋果、蒜頭、蔥、月桂葉、胡椒粒、燒酒、昆布與三層肉一起煮約 1.5 小時。

3 肉煮好後起鍋，放涼再切片即可。

4 準備好洗過的生大白菜、泡菜、涼拌韭菜、辣椒搭配肉片一起吃。

三層肉：1塊

月桂葉：3片

胡椒粒：1小把

洋蔥：1顆，對半切

薑：1塊

蒜頭：5～8瓣

蔥：3支

蘋果：半顆

燒酒：20ml（可以用米酒替代）

昆布：1小片

大白菜：3～5片

涼拌泡菜：適量

涼拌韭菜：適量

#12 달걀간장 비빔국수

《我獨自生活》醬油雞蛋麵

超適合當宵夜罪惡感減半，
只要 5 分鐘就可以端上桌，料理新手必學。

1 煮麵條，起一鍋熱水，水滾後將麵條放下去煮3、4分鐘。

2 將煮好的麵條撈起，以清水把澱粉洗掉。

3 調醬料，把蒜泥、白砂糖、低鹽醬油、料理糖漿、芝麻油倒入碗裡拌勻。

4 把醬料與麵條均勻混合，加入適量胡椒、白芝麻拌勻，盛盤放入水煮蛋即可。

韓國傳統細麵：1把

蒜泥：1／2湯匙

白砂糖：1／2湯匙

低鹽醬油：2湯匙

料理糖漿：1／2湯匙

芝麻油：1湯匙

胡椒粉：1／2小匙

白芝麻：5g

水煮蛋：1個，對半切

蔥：1／2支，切蔥花

kim's note

◎韓國傳統細麵也可以用台灣麵線取代。

#13 전복죽

《周三美食匯》鮑魚粥

鮑魚內含豐富營養價值，

鮑魚粥更是道補元氣的粥品，口感軟嫩味道鮮美。

1 生米洗乾淨，再泡水約 1 ～ 2 小時。

2 將鮑魚洗淨去殼切片，並保留內臟。

3 起一熱鍋，倒入泡過的米加芝麻油、鮑魚內臟一起炒，再加入鮑魚片炒約 5 分鐘

4 把高湯加入鍋裡，煮到白米膨脹、高湯收乾些，約煮 20 分鐘。

5 起鍋前可先試試味道，可加湯醬油、鹽來調味喔。

材料
生米：1杯
活鮑魚：1～2顆
芝麻油：2湯匙
鹽：1／2小匙
高湯：1L
湯醬油：1湯匙

kim's note

◎從生米開始煮需要煮一段時間，寶貝們想節省時間的話，可以使用隔夜飯。
◎鮑魚洗乾淨後，去除殼保留內臟，因爲內臟等等要和米一起炒，內臟是鮑魚粥的精華。

#14 만두국

《尹 Stay》餃子湯

外型圓滾滾的餃子相當討喜，
清淡卻又帶飽足感的餃子湯，深受節目中的外國住客喜愛。

1 做餃子餡，取一空碗放入豬絞肉、老薑泥、1／2小匙鹽、低鹽醬油、胡椒粉、米酒、1湯匙蒜泥、1／2小匙糖拌勻，並靜置約10分鐘。豆腐用紗布包起來先把水擠出來，再與1／2小匙鹽、1湯匙芝麻油、1湯匙蒜泥拌勻並先靜置約10分鐘。

2 將步驟1的豬絞肉、豆腐與乾香菇、白菜、韭菜、綠豆芽、1／2小匙鹽巴、剩餘的蒜泥均勻混合後，再放入煎餅粉拌勻。

3 包餃子，取一張餃子皮將步驟2的餡料包進去，將水餃皮對摺成半圓形，並用手指將中心處捏合，以食指在餃子正中央壓凹，再將餃子兩端捏合在一起變成圓形。

4 煮高湯，起一鍋水加入昆布、小魚乾一起煮約15分鐘，煮5分鐘後將昆布、小魚乾撈起，加入鮪魚調理液、醬油。

5 把步驟2的餃子放入高湯裡煮，煮到熟約8分鐘，起鍋前加芝麻油即可。

餃子餡（約可做60顆餃子）

餃子皮60片
豬絞肉：300g
老薑泥：1／3湯匙
鹽：2小匙
低鹽醬油：2湯匙
胡椒粉：1小撮
米酒：1湯匙
蒜泥：3湯匙
糖：1湯匙
豆腐：1盒
芝麻油：1湯匙
乾香菇：5~6朵，先泡水去除多餘水份後切碎
白菜：100g，燙過後去除水份切碎
韭菜：1把，切碎
綠豆芽：200g，燙過後去除水份切碎
煎餅粉：1湯匙

餃子高湯

昆布：2小片
小魚乾：1把
鮪魚調理液：1湯匙
醬油：1湯匙
芝麻油：1湯匙

kim's note

◎包餃子時最重要的就是餃子餡，餃子餡做好後，可以先取一小塊放進微波爐加熱試吃味道，若不夠鹹可以立刻再調整。

◎若想做泡菜餃子可以放入泡菜，但一定要把泡菜的水分瀝乾，切碎後放進去餃子餡裡。

◎韓國餃子湯裡的餃子通常為圓形台灣比較少有，寶貝們也可以直接買現成的餃子就好。

#15 잔치국수

《驅魔麵館》宴會麵

傳統的宴會麵做法簡單，
是韓國在婚宴上或生日時吃的料理，又被稱爲長壽麵。

1 櫛瓜、紅蘿蔔、香菇要先炒過。

2 煮麵條，起一鍋熱水，水滾後將麵條放下去煮 3、4 分鐘。

3 將煮好的麵條撈起，以清水把澱粉洗掉。

4 取一空碗放入細麵、櫛瓜、紅蘿蔔、香菇、蛋皮，再倒入加熱過的高湯即可。

韓國傳統細麵：1把
櫛瓜：30g，切細絲
紅蘿蔔：30g，切細絲
牛肉：30g，切細絲
香菇：1／2朵，切細絲
蛋皮：30g，切小塊
高湯：250ml

kim's note

◎韓國傳統細麵也可以用台灣麵線取代。
◎以清水洗麵條是爲了不讓麵條的口感糊糊，
◎洗完後的麵條會比較 Q 彈。
◎高湯可使用市售高湯即可。

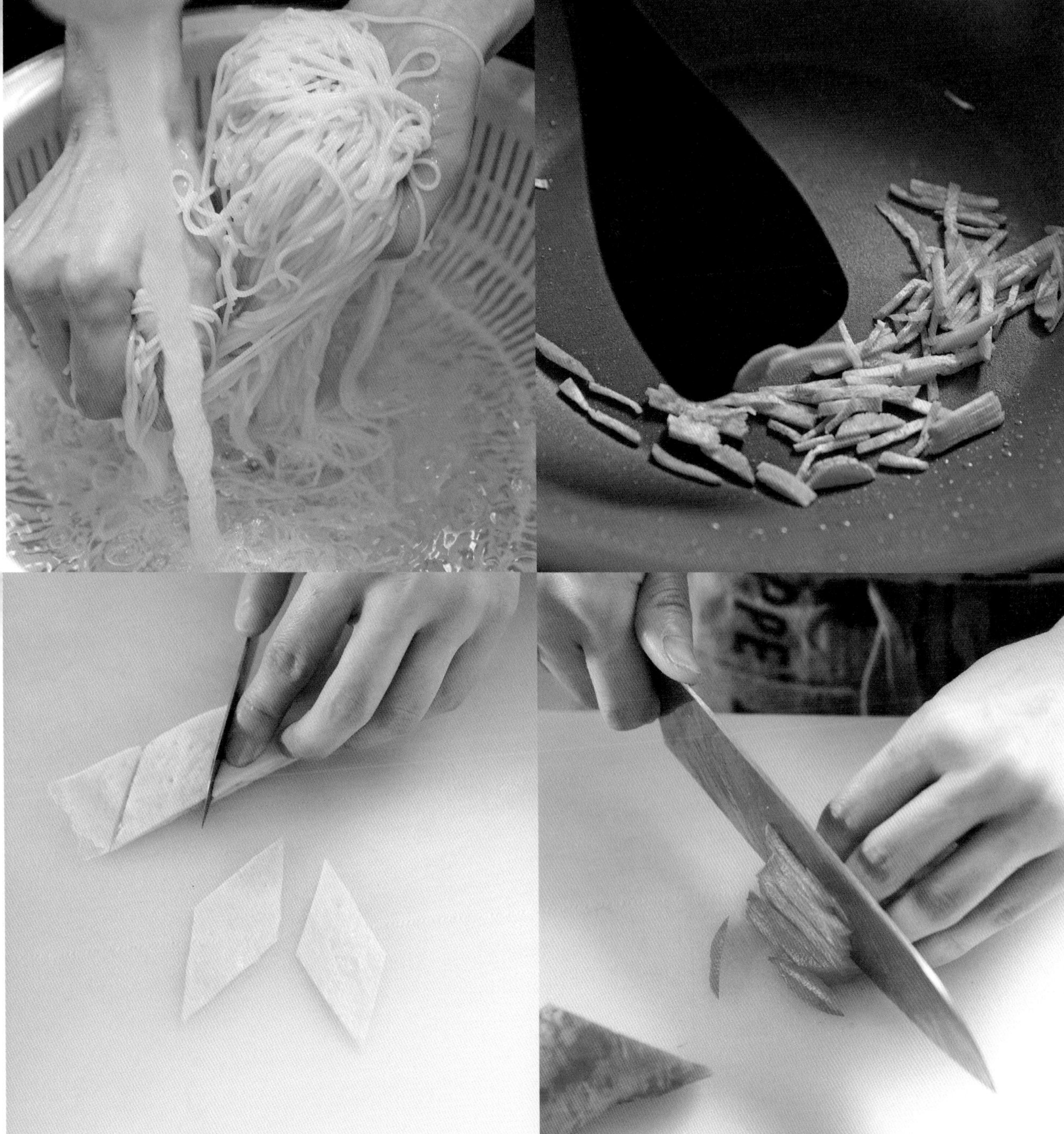

#16 녹두죽

《怪咖！文主廚》綠豆粥

韓式綠豆粥吃起來清爽又健康，

劇中文主廚就是以綠豆粥，讓患有厭食症的時尚設計師不藥而癒。

1 綠豆洗乾淨泡水，泡一個晚上。

2 將泡軟的綠豆拿出來，將一半的綠豆去除綠豆殼。

3 起一鍋水煮綠豆，煮滾後以調理棒將綠豆打碎。

4 加入白飯，如果水收乾了可再加點水，確認白飯煮軟了即可。

5 起鍋前加入鹽調味。

綠豆：1／2杯
隔夜飯：1／2碗
水：500ml
鹽：1／2小匙

kim's note

◎從生米開始煮需要煮一段時間，使用隔夜飯可縮短烹煮時間。
◎想要讓綠豆粥更有風味，可以把水替換成高湯。

#17 명란 계란말이

《偶然成爲社長》明太子煎蛋捲

在蛋液裡加入配料的韓式蛋捲，
讓蛋捲顏色更活潑，依據不同配料能變化出各種風味。

1打 5 顆全蛋，讓蛋液均勻混合。

2在蛋液中加蔥花、明太子拌勻，由於明太子本身有鹹味了，就不用另外調味。

3起一熱鍋倒油，要讓油均勻塗滿整個鍋子，倒入適量蛋液以小火烹煮，讓蛋液均勻鋪滿鍋子。

4待接觸鍋面的蛋液開始凝固時，用鍋鏟或筷子將蛋從鍋子頂部往自己的方向捲，捲到剩 1／3 長度時再把蛋往回推至鍋子頂部。

5在鍋內倒適量油（要讓鍋子沾滿油），繼續倒入蛋液鋪滿 2／3 鍋子，並重覆步驟 4 的動作，重覆 2 次即可。

6煎熟的蛋捲可直接食用，若要切片需等蛋捲涼一點比較好切。

蛋：5個

蔥：2支，切蔥花

明太子：30g

kim's note

◎每次倒蛋液的時候記得不要倒太多，蛋液太厚會增加捲的難度。

OXO

찌개

超省力！一鍋到底人氣鍋物

最快能上手的料理就是「찌개（鍋物）」了！ MIU 喔爸第一次來到韓國和我約會時，就是指定想吃部隊鍋，很多台灣人都認爲，這是最能代表韓國的一道料理。同時我也發現，台灣人很愛暖呼呼的鍋物，就算原本不愛泡菜的朋友，也變得可以接受泡菜火鍋。

其實鍋物料理在火候控制上是最簡單的，只要記住把鍋子裡的食材都煮滾就對了，眞的一點也不難！想吃道地的韓式鍋物，只要準備好材料、醬料，按著順序下鍋煮，再配上韓國風味的美酒與前面介紹過的韓式小菜，就能擁有充滿濃濃韓國風味的韓式料理。

這個單元會介紹韓國人慶生必備的海帶芽湯、每年長一歲必吃的年糕湯，還有韓國人天天都吃不膩的大醬湯與泡菜豬肉鍋、馬鈴薯湯與螃蟹湯，跟著老金一起動手做，打造屬於你的韓式餐桌！

#18 굴떡국

韓式年糕湯

韓國人過年必吃年糕湯，
白色年糕有純潔的象徵，吃了年糕湯代表長了一歲。

1 年糕放入碗中泡水約 20 ～ 30 分鐘。

2 起一湯鍋，倒入鯷魚高湯再放蚵仔煮滾後加入步驟 1 的年糕。

3 等年糕煮熟後放蔥花，加入湯醬油、蒜泥調味。

4 等湯煮滾後倒入蛋液即可起鍋。

年糕：300g
鯷魚高湯：300ml
蚵仔：100g
蔥：1支，切蔥花
湯醬油：1湯匙
蒜泥：1／2湯匙
蛋：1個，打散

kim's note

◎鯷魚高湯做法：將鯷魚、昆布一起下鍋煮 10 分鐘後，先把昆布拿起來，鯷魚繼續再煮 10 分鐘後關火，過濾雜質即可。沒有時間的寶貝們，也可以直接使用市售的高湯。
◎清洗蚵仔方法：第一次先用鹽巴水輕輕洗清後，再用清水輕輕沖洗即可。
◎常常有人問金金年糕要怎麼保存？年糕最好的保存方式是真空冷藏，如果沒有真空冷藏容易發霉。
◎倒入蛋液之後先別用筷子攪拌，讓蛋液形成蛋花。

#19 돼지고기 김치찌개

泡菜豬肉鍋

泡菜豬肉鍋可說是入門款料理，
就算是初學者，只要會開瓦斯就一定能順利完成。

1 氽燙三層肉，起一湯鍋加入水、鹽、1 湯匙米酒與三層肉氽燙，燙好後撈起放涼再切片。

2 取一碗將大醬、泡菜、蒜泥、三層肉切片以及剩下的 1 湯匙米酒一起拌勻。

3 起一熱鍋，將步驟 2 放進鍋內拌炒至豬肉香氣出來，再倒入高湯。

4 等高湯煮滾後，加入洋蔥、香菇、豆腐、紅綠辣椒繼續煮約 3 分鐘。

5 放入辣椒粉、蝦露以大火煮開後關火，起鍋前加蔥花即可享用。

三層肉：200g，切塊
水：200ml
鹽：1／3小匙
米酒：2湯匙
大醬：1／2湯匙
泡菜：200g（加一些泡菜汁）
蒜泥：1湯匙
高湯：600ml
洋蔥：1／2顆，切片
香菇：1朵，切片
豆腐：1／2盒，切片
紅綠辣椒：各1條，切片
辣椒粉：1湯匙
蝦露：1／2小匙
蔥：1支，切蔥花

kim's note

◎步驟 1 氽燙三層肉可去除腥味。

◎豬肉用甚麼部位都可以，這次用的是三層肉，用豬肉片做起來也超美味喔。

◎如果家裡有口味偏酸的泡菜，最適合用在這道料理。

◎高湯做法：鯷魚、昆布再加上洗米水一起煮 10 分鐘，先把昆布取出鯷魚再繼續煮 10 分鐘，過濾雜質即可。

◎韓國很常使用洗米水烹煮料理，洗過的米水裡面有澱粉、維生素等，跟泡菜結合的時候會產生具有風味的泡菜湯頭。

#20 소고기무국

牛肉蘿蔔湯

15 分鐘就能熬出鮮甜的湯，
微涼的天氣，喝一碗熱湯讓身體暖呼呼。

1 取一空碗將香菇和昆布泡在 1L 的水中，並保留香菇昆布水。

2 起一熱鍋，倒入芝麻油並放入牛肉、香菇、豆芽拌炒。

3 加入蒜泥、胡椒粉繼續拌炒到豆芽軟，等蒜香味出來後倒入香菇昆布水並加鹽調味。

4 放入蘿蔔、湯醬油拌勻，確認蘿蔔煮熟後關火即可。

乾香菇：2朵，泡開後切片
水：1L
昆布：1片
芝麻油：1湯匙
牛肉：300g，切塊
豆芽：20g
蒜泥：1／2湯匙
胡椒粉：1／2小匙
鹽：1／2小匙
蘿蔔：200g，切小塊
湯醬油：3湯匙

#21 된장찌개

韓式大醬湯

大醬湯可說是韓國的國民湯品，
中和日式味噌、中式豆瓣醬的風味，越煮越夠味。

1 將辣椒粉、大醬、湯醬油、白砂糖、蒜泥、水倒入碗裡拌勻後再裝到鍋裡煮滾。

2 放入櫛瓜、秀珍菇、洋蔥、糯米椒、板豆腐、蛤蜊，蓋鍋煮滾。

3 確認櫛瓜、蛤蜊熟了就可以關火起鍋。

辣椒粉：2湯匙

大醬：2湯匙

湯醬油：1湯匙

白砂糖：1小匙

蒜泥：1小匙

水：240ml

櫛瓜：1／2條，切塊

秀珍菇：50g，手絲成條

洋蔥：1／4顆，切片

糯米椒：1條，切片

板豆腐：1／4塊，切片

蛤蜊：100g

kim's note

◎喜歡辣的朋友，可以綠色辣椒代替糯米椒。
◎大醬湯要吃多少就做多少，盡量要當餐吃完。

#22 부대찌개

部隊鍋

韓戰時期因應物資缺乏，
以美援物資火腿、午餐肉等加入泡菜、泡麵煮的鍋物。

1 調醬料，將辣椒粉、辣椒醬、湯醬油、蒜泥、鹽、胡椒粉均勻混合。

2 醃製牛肉，把低鹽醬油、米酒、蒜泥、胡椒粉與牛肉一起醃製約 10 分鐘。

3 取一空鍋，放入餐肉片、豆腐、熱狗、杏鮑菇、泡菜、洋蔥、年糕、蔥段、辣椒、鷹嘴豆、步驟 2 的牛肉，再加入步驟 1 的醬料，並倒入高湯以中小火煮滾。

4 待鍋煮滾後放入泡麵煮軟，再放上起司片即可關火起鍋。

醬料

- 辣椒粉：1湯匙
- 辣椒醬：1湯匙
- 湯醬油：1湯匙
- 蒜泥：1湯匙
- 鹽：1／3小匙
- 胡椒粉：1／3小匙

醃牛肉

- 牛肉：100g
- 低鹽醬油：1／2湯匙
- 米酒：1湯匙
- 蒜泥：1湯匙
- 胡椒粉：1／3小匙

其他食材

- 餐肉罐頭：1罐，切片
- 豆腐：200g，切片
- 熱狗：2條，切塊
- 杏鮑菇：50g，切片
- 泡菜：200g，切碎
- 洋蔥：1／2顆，切片
- 年糕：30g
- 蔥：1支，切段
- 辣椒：1條，切片
- 鷹嘴豆罐頭：80g
- 高湯：500ml
- 泡麵：1包
- 起司：1片

kim's note

◎家裡沒有高湯也可以直接加水。

#23 소고기 굴 미역국

牛肉蚵仔海帶芽湯

海帶芽便宜、營養價值高，
是韓國人生日、女生做月子都會喝的湯品。

1 取一空碗倒入 600ml 的水並放入香菇，將香菇取出切片；保留香菇水備用。

2 起一熱鍋，倒入芝麻油炒牛肉、蚵仔、海帶、香菇，炒到海帶黏液出來、顏色變淺。

3 倒入香菇水煮約 5 分鐘後，加入魚露即可。

水：600ml

乾香菇：3朵，以水泡開後切片

芝麻油：1湯匙

牛肉：50g

蚵仔：100g

海帶：1把，以水泡開

魚露：2湯匙

湯醬油：適量

kim's note

◎若覺得不夠鹹，再加適量湯醬油調整即可。
◎海帶芽湯是韓國人在生日會喝的湯品，因爲海帶含有豐富的鈣和碘，孕婦產後也會以海帶芽湯來補身體。
◎一般的做法只會放牛肉，加入蚵仔可以讓湯頭更鮮美。

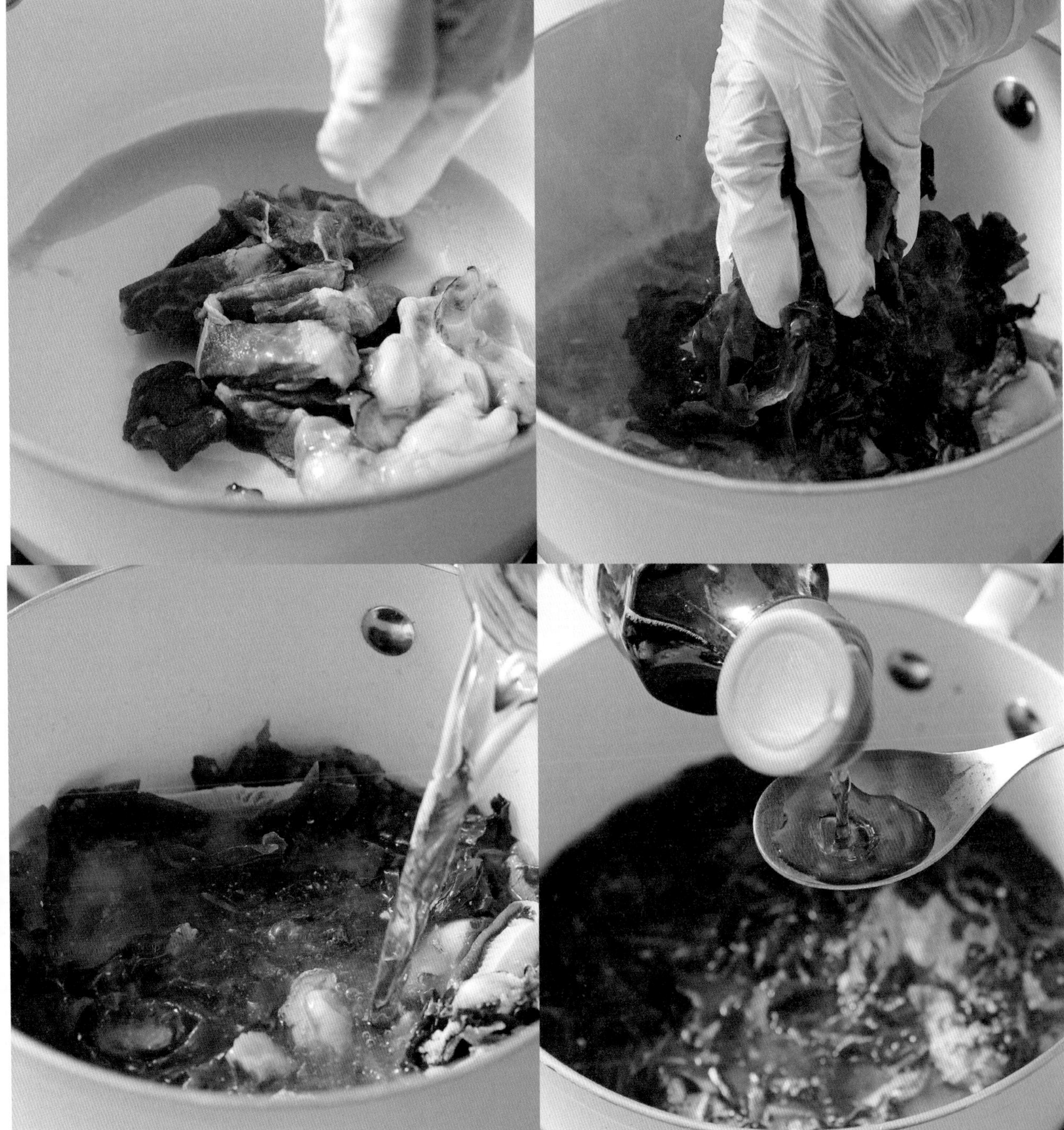

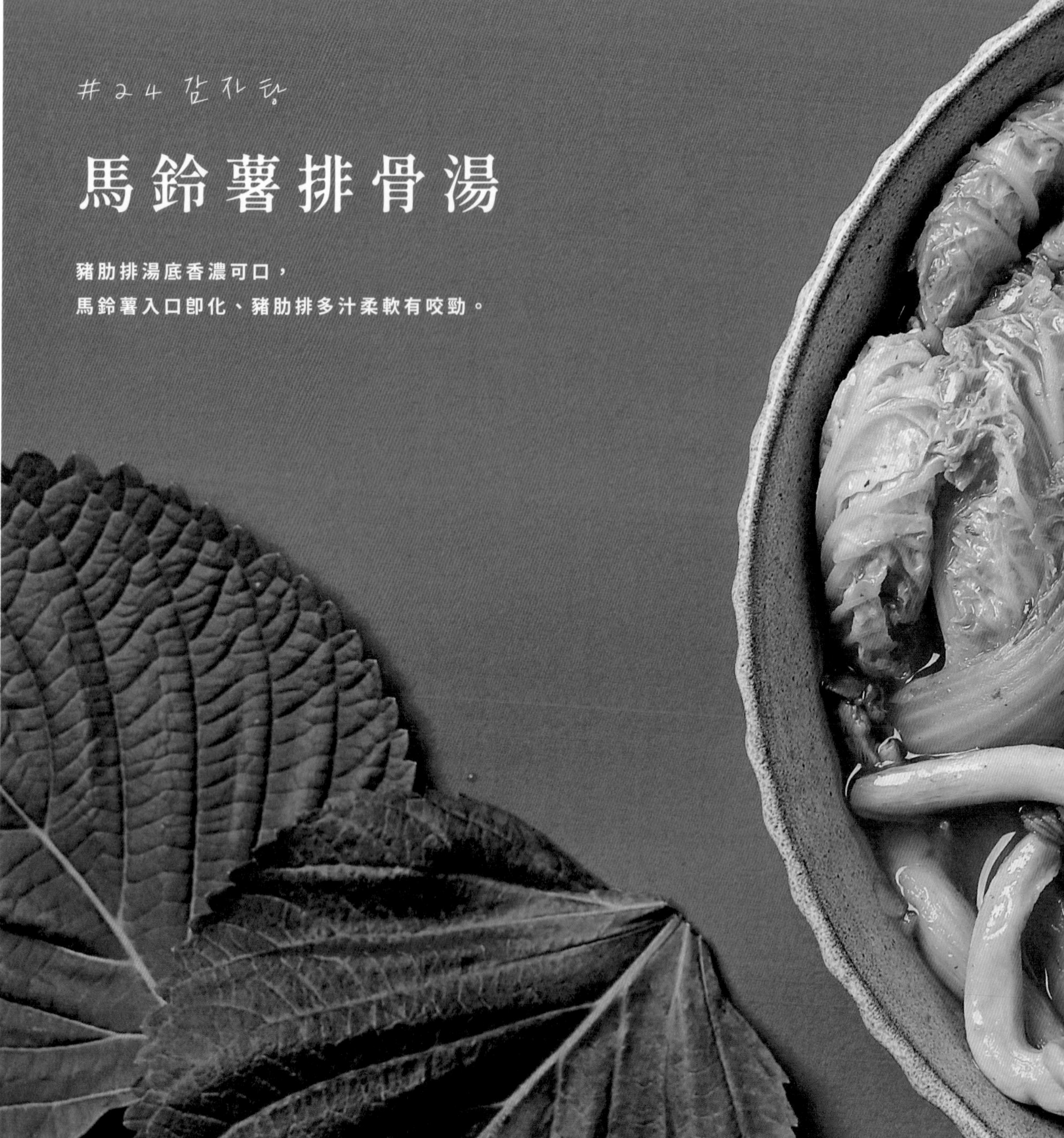

#24 감자탕

馬鈴薯排骨湯

豬肋排湯底香濃可口，
馬鈴薯入口即化、豬肋排多汁柔軟有咬勁。

1 豬肋排先泡水 3、4 個小時，溶出骨頭裡的血水、雜質，再以清水沖洗乾淨。

2 煮豬肋排，起一鍋冷水加入胡椒粒、月桂葉、燒酒、蔥、薑以中小火煮，水滾了再煮 10 分鐘關火，將豬肋排取出以冷水沖洗乾淨備用。

3 煮高湯，將洋蔥、蘋果、辣椒、薑、蔥、蒜頭裝入藥材袋中，與豬肋排一起放入鍋內以大火煮滾後轉中小火，熬煮約 1.5 小時。

4 調醬料，將所有醬料材料均勻混合。

5 查看步驟 3 的狀況，發現湯頭變成乳白色的時候，將藥材袋取出，加入步驟 4 的醬料、馬鈴薯繼續以中小火烹煮。

6 等馬鈴薯快熟了再加入金針菇、新鮮香菇、蔥段、小白菜、荏胡麻粉拌勻，起鍋前再放入紫蘇葉即可。

煮豬肋排

煮豬肋排
水：500ml
豬肋排：450g
胡椒粒：5g
月桂葉：2片
燒酒：60ml（米酒也可以）
蔥：3支，不切
薑：10g

kim's note

◎如何確認馬鈴薯是否煮熟？只要用筷子或叉子能輕鬆穿透就代表馬鈴薯已經煮熟。

◎不吃辣的人可以不加醬料，只需用鹽巴、醬油調味即可，湯頭一樣非常鮮甜。

高湯

高湯
藥材袋：1個
洋蔥：1顆，切半
蘋果：1／2顆
辣椒：2條
薑：5g
蔥：8支，不切綁成一束
蒜頭：約15瓣
水：1.5L

醬料

醬料
細辣椒粉：3湯匙
鯷魚魚露：2湯匙
湯醬油：4湯匙
蒜泥：1湯匙
米酒：2湯匙
辣椒醬：1湯匙
大醬：1湯匙

其他食材

其他食材
馬鈴薯：2顆，去皮，切塊
金針菇：1把
新鮮香菇：6朵
蔥：2支，切蔥段
小白菜：50g
荏胡麻粉：3湯匙
紫蘇葉：約3片，切段

#25 순두부찌개

韓式嫩豆腐

低脂高蛋白的嫩豆腐鍋，
微辣鮮甜湯頭，吃起來有滿滿的幸福感。

1 起一湯鍋倒入植物油、芝麻油，加入蔥花以中小火炒香，繼續加入辣椒粉一起拌炒出辣油，再加入鹽、糖、蠔油、低鹽醬油拌勻，並倒入高湯蓋鍋煮滾。

2 用湯匙把嫩豆腐搗碎。

3 水滾後放入櫛瓜、紅辣椒、蒜泥、搗碎的嫩豆腐、蛤蜊繼續煮，確認蛤蜊熟再倒入蛋液後可關火起鍋。

植物油 ：2湯匙

芝麻油：1湯匙

蔥：3隻，蔥白切蔥花、蔥綠切段

辣椒粉：1湯匙

鹽：1／2小匙

糖：1／3小匙

蠔油：1湯匙

低鹽醬油：1湯匙

高湯：400ml

嫩豆腐：1塊

櫛瓜：1條，切塊厚度約1公分

紅辣椒：1條，切段

蒜泥：1湯匙

蛤蜊：80g

蛋：1個

kim's note

◎湯底建議使用高湯，鯷魚高湯、昆布高湯、雞湯高湯、香菇高湯都可以。

◎如果家裡沒有蛤蜊可以省略，只是加了蛤蜊的湯頭會多一個鮮味。

#26 꽃게탕

韓式螃蟹湯

香辣鮮美的韓式螃蟹湯，
各種海鮮精華釋放到湯裡，讓人一吃難忘。

1 處理螃蟹，使用刷子將整隻螃蟹、殼、關節刷乾淨。

2 拿剪刀從腹部剪開、把殼、腮拿掉（殼內的內臟、蟹膏記得先挖到碗裡）、眼睛、嘴巴剪掉，蟹腳的最後一節因爲沒有肉，可以直接剪掉，如果還有髒污也要一併清乾淨，最後再以清水沖一次。

3 取一湯鍋，把蘿蔔、蒜泥、辣椒醬放入鍋內，以中小火炒約 10 分鐘（蘿蔔煮到半透明的時候）倒入 1 ／ 3 高湯繼續煮。

4 水滾後放入螃蟹，再把剩餘高湯倒入鍋內，煮滾後撈出浮沫，繼續放入洋蔥、大蔥白，再倒入鮪魚調理液、湯醬油。

5 待湯再次煮滾後，放入蝦子、蛤蜊煮熟。

6 起鍋前加入紫蘇葉。

螃蟹：1隻
蘿蔔：1／2條，切塊
蒜泥：1湯匙
辣椒醬：3湯匙
水：1.5L
鮪魚調理液：1湯匙
湯醬油：2湯匙
草蝦：5～8隻
蛤蜊：8～10顆
紫蘇葉：3片，切段

kim's note

◎生螃蟹有很多的沙子、髒污，一定要使用刷子來協助刷螃蟹，殼、腮和每個關節都不能錯過。
◎螃蟹下鍋前可先將蟹螯敲碎，方便煮熟食用。
◎如果沒時間去魚市場買新鮮螃蟹，也可以買冷凍蟹來料理，一樣能料理出美味的韓式螃蟹湯。

술안주 요리

超簡單！韓式下酒菜

「위하여（乾杯）」韓國的飲酒文化和台灣非常不同，韓國人非常重視喝酒，我們通常只要開始喝，一定至少要有三次的續攤，如果沒有繼續續攤，代表今天喝得不夠盡興！另外韓國的喝酒禮儀也有許多要注意的事，例如：要等長輩先喝酒晚輩才能喝、不能正面面對長輩喝酒，一定要側身喝、對方喝完酒要立刻幫忙斟，不可以讓對方的酒杯空掉等等，不過這些喝酒禮儀只針對韓國人，我們並不會特別要求外國人遵守這些規則。

在韓國，可以配酒的料理變得非常重要，因爲韓國人下班後開始喝酒，通常就是會一直喝到天亮，所以下酒菜是幫助我們能夠愉快喝酒的重要配角，這個單元就讓老金來爲各位示範各種韓式的下酒菜，寶貝們不妨跟著我一起做，一邊在家吃美食、一邊享受微醺的幸福感。

#27 김치부침개

泡菜煎餅

煎餅皮酥脆泡菜內餡水嫩，
熱熱吃最美味，在家也能煎出餐廳等級的煎餅。

1 將泡菜、1／2 匙糖拌勻，靜置約 10 分鐘。

2 取一空碗倒入米酒、剩餘的1／2匙糖拌勻。

3 再取一空碗加入步驟 1 的泡菜、蔥、洋蔥攪拌均勻，再加入辣椒粉、步驟 2 的米酒繼續拌勻，再加入韓式煎餅粉、酥炸粉、冰水稍微攪拌即可。

4 起一熱鍋噴油，以中小火取適量步驟 3 的泡菜煎餅糊放入鍋內均勻鋪平，待一面煎熟、酥脆後再翻面繼續煎。

5 兩面都煎熟後即可起鍋，趁熱享用。

kim's note

◎泡菜煎餅作法很簡單，只要記得煎餅粉、酥炸粉、冰水的比例永遠都是 1：1：1 就不會失敗。
◎煎餅非常會吸油，下鍋前記得放足夠的油避免沾鍋。

泡菜：40g，切碎

白砂糖：1小匙

米酒：1／2湯匙

蔥：1支，切蔥花

洋蔥：1／4顆，切丁

辣椒粉：1／2湯匙

韓式煎餅粉：70g

酥炸粉：70g

冰水：70ml

#28 콩나물불고기

韓式豆芽菜炒豬肉

簡單又迅速醬料辣中帶鹹，
這道料理隨處可見，是韓國人喜歡的下酒菜之一。

1 以餐巾紙把豬肉血水擦乾再切塊。

2 調醬料，將低鹽醬油、辣椒醬、辣椒粉、蒜泥、蜂蜜、米酒、鹽、胡椒粉混合均勻。

3 將步驟 2 的醬料與豬肉均勻混合，靜置約 10 分鐘。

4 做捲花蔥絲，從蔥管側邊剪開讓蔥攤開成一片，從蔥白部分開始捲到蔥綠。

5 全部捲好後再用刀子切細片，切好後可先把蔥絲放在清水中，保持蔥絲的青綠鮮度。

6 起一熱鍋噴油，把步驟 3 的豬肉倒入鍋內煎到半熟，加入豆芽菜繼續拌炒，確認豆芽菜與豬肉熟了後加入蔥絲拌勻關火。

7 起鍋前加入芝麻油、白芝麻即可。

豬肉片：300g

低鹽醬油：3湯匙

辣椒醬：2湯匙

辣椒粉：1湯匙

蒜泥：1／2湯匙

蜂蜜：3湯匙

米酒：1湯匙

鹽：1／2小匙

胡椒粉：3g

蔥：5支

豆芽菜：40g

芝麻油：10ml

白芝麻：適量

#29 마약옥수수

麻藥玉米

不論男女老少都喜歡，
魔性的麻藥玉米，小心一吃就上癮。

1 先把鹽、糖、水均勻混合。

2 準備一深鍋，將玉米葉、玉米鬚鋪在底部，上面放玉米，倒入步驟 1 的水，以中火將玉米煮熟。

3 準備一個碗，倒入有鹽奶油、美乃滋、料理糖，放進微波爐加熱 10 秒，待奶油融化後拌勻。

4 取出烤盤鋪上料理紙並將烤箱預熱，把玉米平均放在烤盤，並塗滿步驟 3 的醬料，以溫度 180°C烤 6 分鐘。

5 等待時將適量羅勒葉香料倒入步驟 3 的醬料並拌勻。

6 取出玉米塗滿步驟 5 的醬料，再放入烤箱以溫度 180°C烤 6 分鐘。

7 取出玉米後第三次塗滿步驟 5 的醬料，再放入烤箱以溫度 180°C烤 6 分鐘。

8 取出玉米以竹籤（或衛生筷）插入玉米芯。

9 把帕馬森起司粉均勻撒在玉米上，再撒上細辣椒粉即可。

玉米：4根，將葉子、玉米鬚拔除並留著備用

鹽：2湯匙

白砂糖：4湯匙

水：1L

有鹽奶油：40g

美乃滋：20g

料理糖液：20g

羅勒葉香料：適量

帕馬森起司粉：100g

細辣椒粉：50g

kim's note

◎煮玉米的時候連玉米鬚、葉子一起煮開，會提昇玉米甜度、更好吃。

◎家裡如果沒有料理糖可用蜂蜜或煉乳代替。

#30 돼지목살된장구이

大醬烤松阪豬

不僅色澤誘人香氣滿溢，
以大醬調味並烘烤完成，讓松阪豬變出新花樣。

1 松阪豬先以餐巾紙擦乾水分，用叉子在松阪豬上戳洞。

2 調醬料，將大醬、芝麻油、蒜泥、醬油、米酒、料理糖液、胡椒粉均勻混合。

3 將步驟 2 的醬料倒在松阪豬上，讓豬肉均勻沾滿醬料，以保鮮膜包起來常溫靜置 30 分鐘。

4 取出烤盤鋪上料理紙並將烤箱預熱，把醃好的松阪豬放在烤盤上以 180°C烤 15 分鐘。

5 取出烤盤將松阪豬翻面，並倒入剩餘的醬料，再以 180°C烤 10 分鐘。

6 取出松阪豬以刀切片撒上蔥花即可。

kim's note

◎在松阪豬上戳洞是爲了讓豬肉更入味。
◎若要烤多片，醬料要加倍即可。

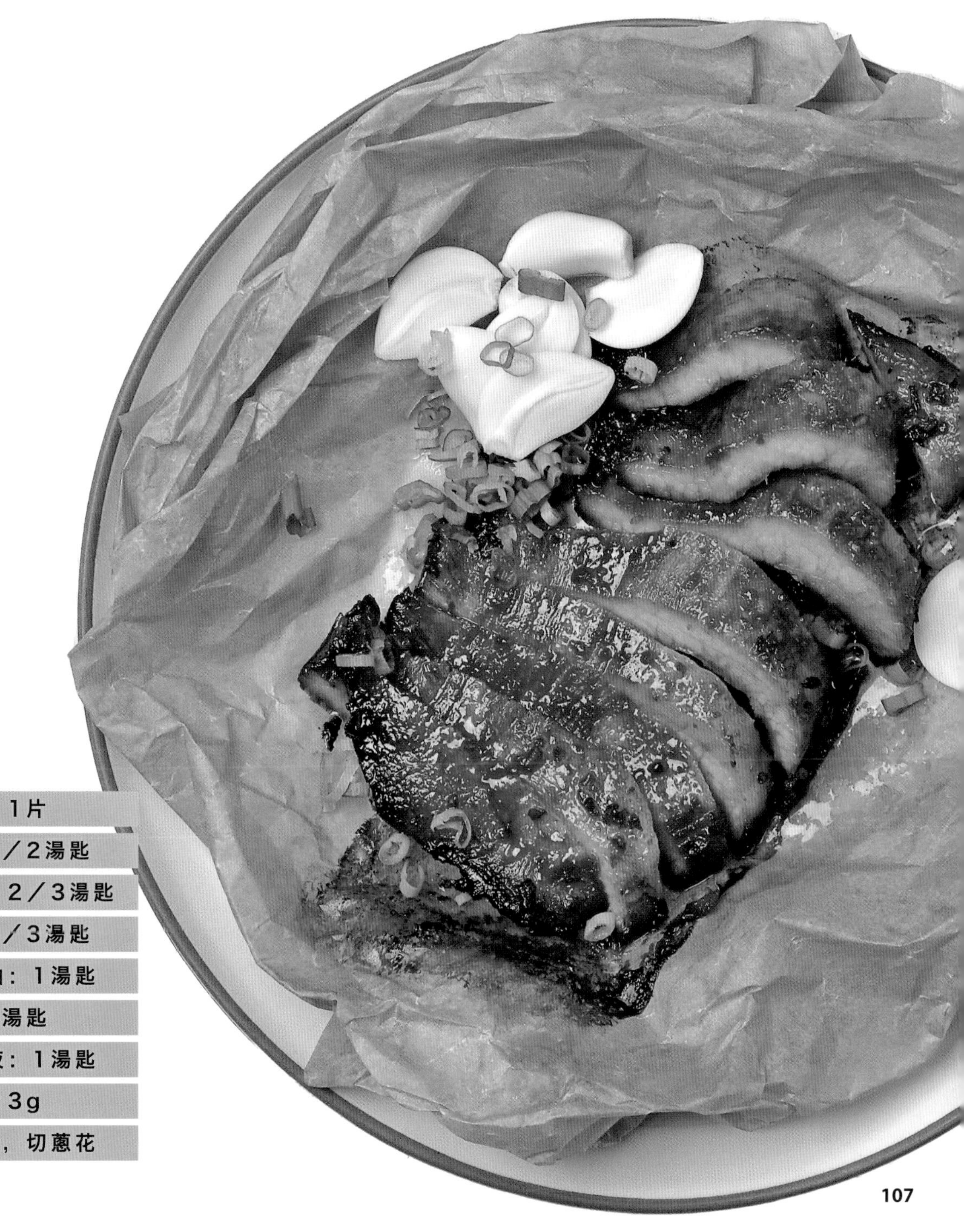

松阪豬：1片
大醬：1／2湯匙
芝麻油：2／3湯匙
蒜泥：1／3湯匙
低鹽醬油：1湯匙
米酒：1湯匙
料理糖液：1湯匙
胡椒粉：3g
蔥：1支，切蔥花

#31 떡꼬치

韓式甜辣年糕串

在家也能 DIY 韓國街邊小吃，
甜辣醬與年糕超對味，讓人忍不住一口接一口。

1 把年糕放入冷水以中火煮熟並瀝乾，可噴些橄欖油避免沾黏。

2 起一熱鍋噴油，以中小火將年糕放入鍋內煎至表皮酥脆，起鍋後可以用廚房紙巾將油吸乾。

3 把 4 ～ 5 個年糕以竹籤串成一串固定。

4 將番茄醬、醬油、糖、蒜泥、辣椒醬、料理糖液倒入碗中拌勻，最後加入白芝麻。

5 將年糕串均勻塗上步驟 4 的醬料，趁熱享用。

kim's note

◎不喜歡年糕油煎的人也可用氣炸鍋操作，以氣炸鍋 170°C正反面都各炸 5 分鐘，一樣好吃。

年糕：200g

炒油：1湯匙

番茄醬：3湯匙

低鹽醬油：1／2湯匙

白砂糖：1／2湯匙

蒜泥：1／3湯匙

辣椒醬：1湯匙

料理糖液：2湯匙（可以蜂蜜代替）

白芝麻：5g

#32 춘천닭갈비

春川辣炒雞

甜辣雞肉配上各式蔬菜，
醬汁還可以炒飯，一鍋多吃超飽足。

1 混合雞腿肉醃料，將雞腿肉與醃料抓勻後靜置 20 分鐘，這個步驟可以除雞肉的味道。

2 將醬料混合拌勻。

3 起一熱鍋噴油，把步驟 1 的雞腿肉倒進鍋內並加入 2／3 步驟 2 的醬料，一起拌炒至雞腿肉半熟。

4 將洋蔥、紅蘿蔔、高麗菜、蔥段、剩餘的 1／3 醬料加進鍋內炒約 3 分鐘，再加入地瓜、高麗菜一起拌炒，煮到水分快要收乾即可。

5 起鍋前可再撒適量白芝麻即可享用。

kim's note

◎雞腿肉可用選用無骨雞腿肉。
◎沒有時間的人，也可以省略步驟 1 醃料，直接以醬料來醃漬雞腿肉。
◎可保留一小份春川鐵板雞加入白飯拌炒，起鍋前再撒些起司絲，味道也非常契合。
◎不吃辣的人只要把醬料中的辣椒粉、辣椒醬拿掉，也能品嚐到美味的醬味春川炒雞。

雞腿肉醃料

雞腿肉：400g，切小塊
米酒：3湯匙
胡椒粉：10g

醬料

白砂糖：2湯匙
辣椒粉：2湯匙
辣椒醬：2湯匙
低鹽醬油：2湯匙
蒜泥：1／2湯匙
咖哩粉：1／3湯匙
鹽：1／3湯匙
米酒：1湯匙
料理糖液：1湯匙
白芝麻：1湯匙

配料

洋蔥：1／2顆，切塊
紅蘿蔔：1／3條，切塊
高麗菜：200g，切塊
蔥：3支，切段
地瓜：1／2條，切塊

\#33 통오징어고추장구이

韓式辣椒醬烤魷魚

辣醬烤魷魚大口咬下最過癮，
只要食材新鮮，做出美味醬烤魷魚並不難。

1 處理魷魚，將魷魚頭與身體分開、去除內臟與透明軟骨，去掉魷魚嘴、眼睛只留下鬚鬚，並用少許鹽巴搓外皮可輕易把皮去除，沖洗乾淨後以餐巾紙擦乾水分。

2 將魷魚肚子以剪刀剪開但不剪斷。

3 調醬料，將辣椒醬、低鹽醬油、料理糖液、蒜泥、細辣椒粉、米酒均勻混合。

4 先將烤箱預熱，將步驟 3 的醬料塗在魷魚肚、鬚鬚上，放入烤盤以 160℃烤 6 分鐘。

5 取出烤盤，先噴適量油再將魷魚翻面，再以 160℃烤 5 分鐘就完成了。

6 上桌前再撒上白芝麻即可享用。

kim's note

◎魷魚也可以用軟絲代替。
◎去掉魷魚外皮，讓醬料上色看起會更美味。

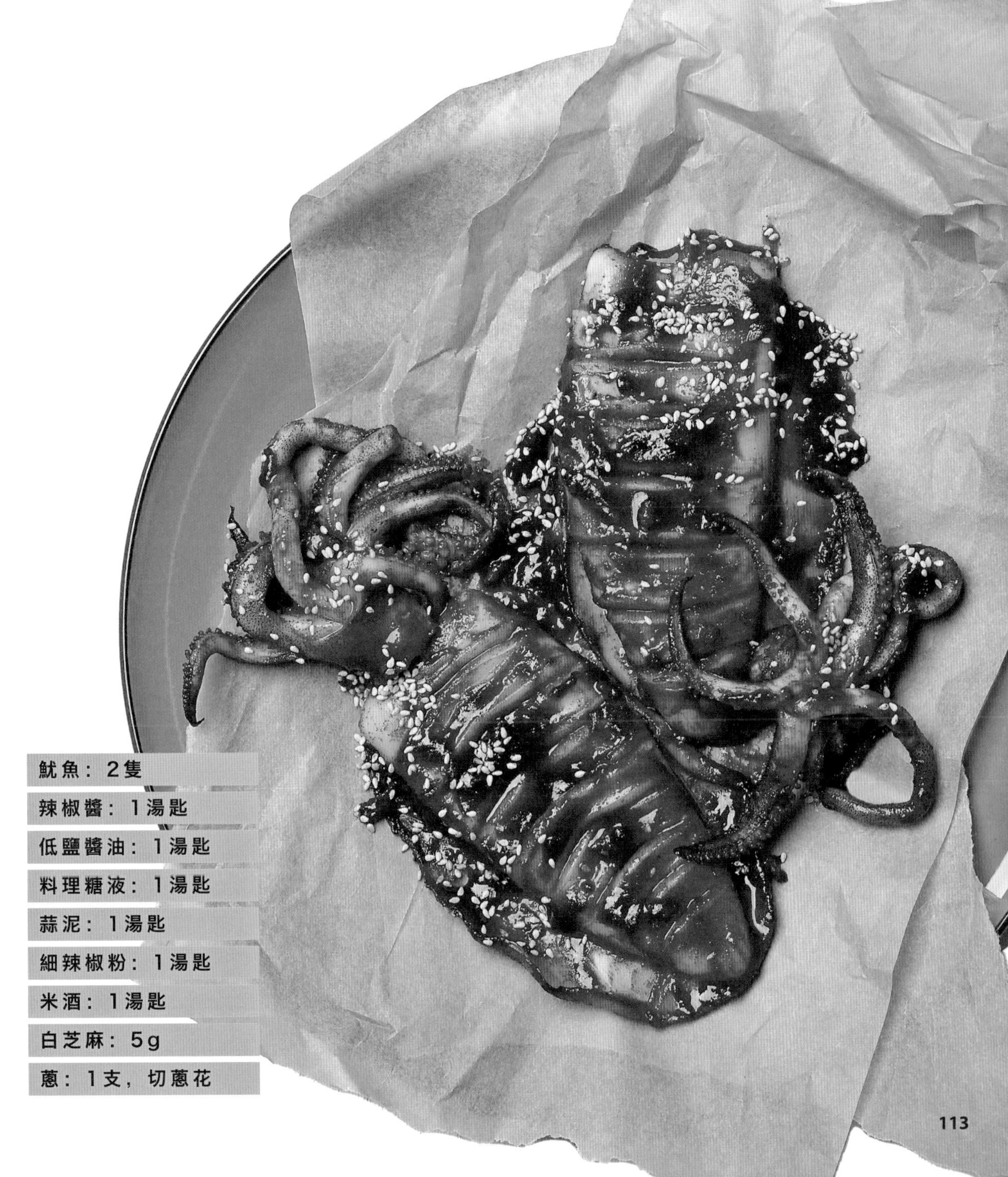

魷魚：2隻
辣椒醬：1湯匙
低鹽醬油：1湯匙
料理糖液：1湯匙
蒜泥：1湯匙
細辣椒粉：1湯匙
米酒：1湯匙
白芝麻：5g
蔥：1支，切蔥花

#34 라볶이

泡麵辣炒年糕

香辣韓式辣醬配上泡麵、年糕，
兩大靈魂食物讓想念韓國的心得到安慰。

1 將糖、辣椒粉、醬油、辣椒醬倒入小碗拌勻。

2 起一煮鍋，倒入溫水將年糕煮滾，加入步驟1的醬料煮約4分鐘，加入魚板繼續煮。（到這裡已完成辣炒年糕的步驟）

3 若發現水分即將收乾，可在鍋內加入適量溫水，再放入泡麵繼續煮，泡麵煮軟後起鍋前再放入蔥段。

4 將泡麵辣炒年糕盛盤後，撒上白芝麻就可以了。

kim's note

◎想讓下酒菜更豐盛也可以準備半熟蛋，水滾之後放入雞蛋煮6分鐘30秒取出，就可以做出美味的半熟蛋。

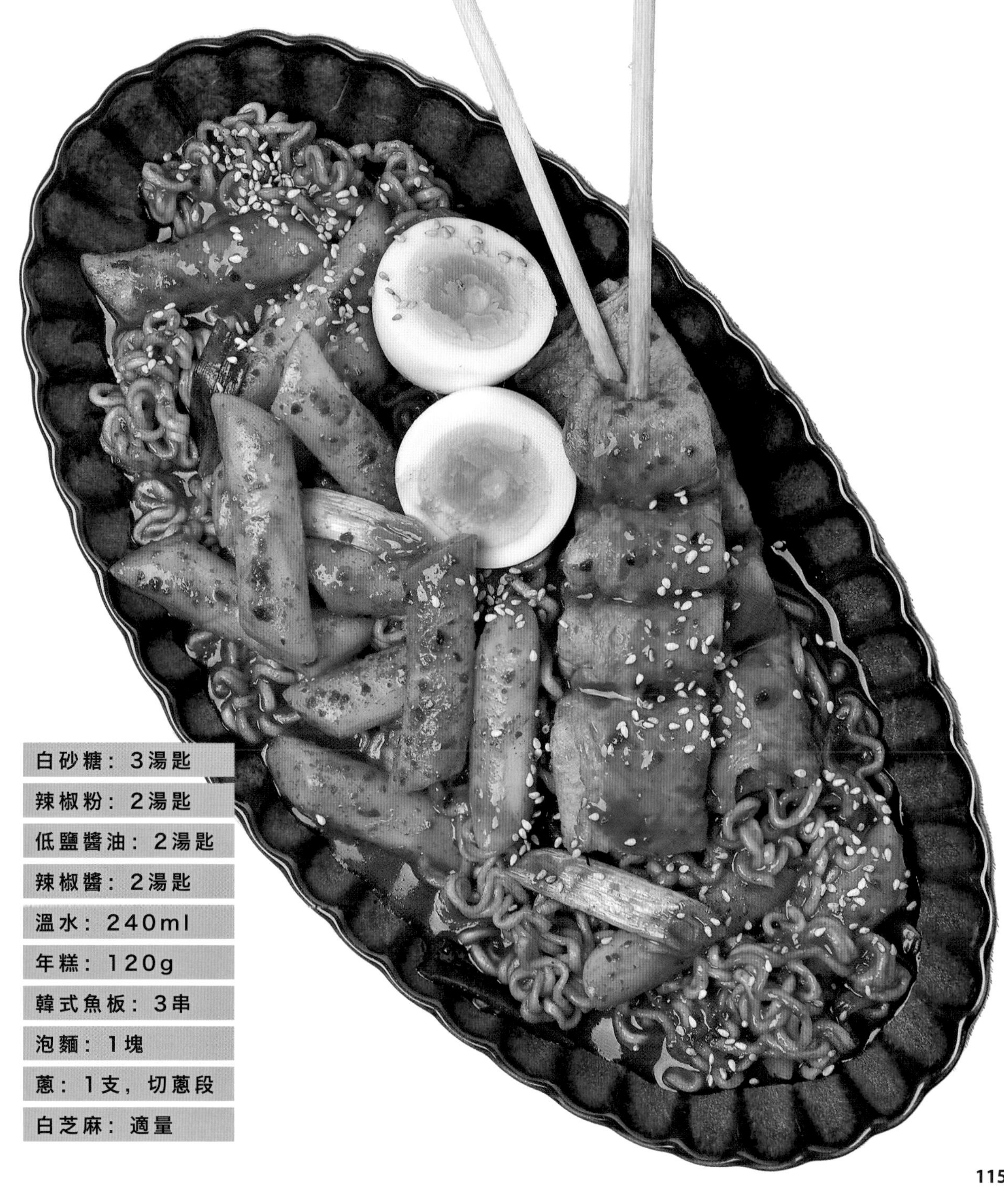

白砂糖：3湯匙

辣椒粉：2湯匙

低鹽醬油：2湯匙

辣椒醬：2湯匙

溫水：240ml

年糕：120g

韓式魚板：3串

泡麵：1塊

蔥：1支，切蔥段

白芝麻：適量

#35 골뱅이무침

辣拌海螺

清爽開胃的涼拌海螺，
微辣醬汁搭配素麵一同享用，酸甜微辣好滋味。

1 煮麵條，起一鍋熱水，水滾後將麵條放下去煮 3、4 分鐘。

2 將煮好的麵條撈起，以清水沖把澱粉洗掉備用。

3 取出海螺切成一口大小，並將明太魚乾放入海螺醬汁浸泡。

4 調醬料，將辣椒醬、辣椒粉、低鹽醬油、米酒、糖、蒜泥、玉米糖液、芝麻油、白芝麻、醋拌勻。

5 取出泡在海螺醬汁的明太魚乾以及 3 湯匙海螺醬汁，與海螺、明太魚乾、青辣椒、、紅蘿蔔、小黃瓜、洋蔥與步驟 4 的醬料一起拌勻。

6 取一空盤，將步驟 2 的細麵、步驟 5 一起盛盤即可。

kim's note

◎想節省時間的寶貝們，也可以在步驟 5 的時候把麵放進去一起攪拌均勻即可。

韓國傳統細麵：1把

海螺罐頭：1罐，約400g

明太魚乾：5g

辣椒醬：1湯匙

辣椒粉：4湯匙

低鹽醬油：2湯匙

米酒：1湯匙

白砂糖：1湯匙

蒜泥：1湯匙

玉米糖液：1湯匙

芝麻油：1湯匙

白芝麻：1湯匙

醋：3湯匙

青辣椒：2條，切片

紅蘿蔔：50g，切小片

小黃瓜：50g，切小片

洋蔥：1/2顆，切絲

안 매운 요리

不辣料理！怕辣人的天菜

「 매워요？（這道菜辣嗎？）」最常被寶貝們問的問題就是：「韓國料理怎麼都是辣的？小朋友或不敢吃辣的人該怎麼辦？」大家都知道韓國人真的很愛吃辣，常常整張桌子上的菜全都是紅紅辣辣，但其實我們也有一些不辣的料理，這個單元就是專門爲不吃辣的寶貝們或小朋友而設計的。

說到不辣的韓式料理，大家應該會馬上想到「雜菜」！這道大部分人都喜愛的雜菜，我自己也很常在家做，曾經做了滿滿的一大盤準備給 3 個人吃，沒想到老公的哥哥來我們家，居然一個人吃光 3 人份的量。天啊！我驚訝的是他的食量，他驚訝的是我做的雜菜怎麼這麼好吃。現在寶貝們也可以自己在家裡試做，看看到底有多麼美味，就像是我親手爲你們做的一樣！

#36 김밥

海苔飯捲

海苔飯捲口感多元又營養，
可自由變換食材，冷熱都好吃清爽零負擔。

1 火腿、魚板、紅蘿蔔炒熟，菠菜燙熟後將水份去除，加 1／2 小匙鹽、芝麻油拌勻，5 個蛋加 1／2 小匙鹽，煎蛋皮切絲、蟹肉棒手撕絲、黃蘿蔔切絲備用。

2 白飯加 1 小匙鹽、芝麻油拌勻放涼備用。

3 開始包飯捲，取一張海苔均勻鋪上白飯，再加入蛋絲、火腿、紅蘿蔔絲、魚板、菠菜等配料，沒有一定的順序，捲起來後在封口處放幾顆飯粒讓海苔黏住即可。

4 重覆步驟 4 的動作，繼續把飯捲包完。

5 在包好的飯捲上刷上適量芝麻油、撒上白芝麻即可享用。

- 火腿：100g，切約0.5公分寬
- 魚板：100g，切絲
- 紅蘿蔔：70g，切絲
- 菠菜：1小把
- 蛋：5個，打散（約可煎4薄片）
- 蟹肉棒：70g，切絲
- 黃蘿蔔：50g，切絲
- 白飯：2小碗
- 鹽：2小匙
- 芝麻油：1湯匙
- 海苔：4片，可包4捲

kim's note

◎飯捲的內容物沒有一定的食材，只要挑選不會出水的就可以，也可以加入小菜單元的韓式醬燒牛蒡。
◎海苔也有分正反面？這次包韓式飯捲我們用較粗的那面包飯，滑順面朝外。
◎切飯捲的時候可在刀上抹一點點芝麻油，會更好切。

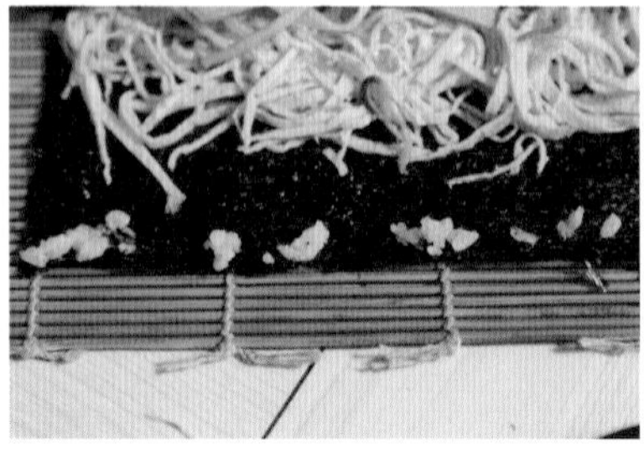

#37 마늘버터 간장떡볶이

大蒜奶油醬油炒年糕

甜鹹口感大受孩子歡迎，
零失敗作法，輕鬆抓住孩子的胃。

年糕：200g
橄欖油：2湯匙
大蒜：4瓣，切片
無鹽奶油：20g
醬油：1湯匙
玉米糖液：1湯匙

1 起一鍋滾水，把年糕煮熟後起鍋瀝乾。

2 起一炒鍋倒油，放入蒜片用小火煎至金黃取出備用，怕太油可以用廚房紙巾將油吸乾。

3 同支鍋內放入無鹽奶油、年糕以小火炒至表面酥脆。

4 倒入醬油繼續拌炒讓醬油均勻沾裹在年糕上後關火，起鍋前加入玉米糖液拌勻。

5 起鍋後加入蒜片趁熱享用。

#38 스팸주먹밥

午餐肉飯糰

零廚藝也不緊張，

製作快速簡單，方便攜帶視覺大加分。

蛋：3個，打散
高麗菜：20g，切丁
鹽：1小匙
橄欖油：2湯匙
午餐肉：3片，每片0.5公分
白飯：200g
芝麻油：10ml
白芝麻：10g
大片海苔：1片，剪成長條狀

1 煎厚蛋皮，將蛋打散並加入高麗菜、1／2小匙鹽拌勻，倒入鍋子以小火煎熟起鍋備用。

2 同支鍋放入午餐肉，兩面煎至微焦脆。

3 將蛋皮切成午餐肉大小。

4 在白飯上淋芝麻油、剩餘1／2匙鹽、白芝麻攪拌均勻。

5 撕一張保鮮膜平放進午餐肉盒內，依序加入蛋、飯、午餐肉，輕輕將保鮮膜取出並以雙手塑型，再撕一張保鮮膜平放進午餐肉盒中，重複以上步驟。

6 取1條海苔包覆飯糰，可以在海苔接縫處放幾顆飯粒讓海苔黏住即可。

kim's note

◎午餐肉可以熱水燙過，降低午餐肉的鹹味。

◎午餐肉盒子別丟可以當成飯糰模型。

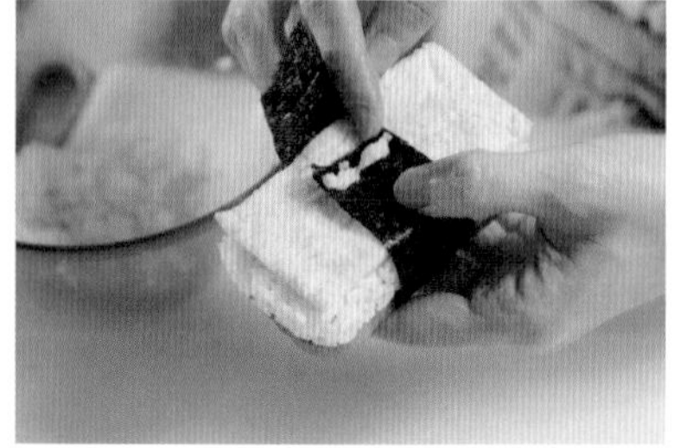

#39 잡채

雜菜

做法簡單口感豐富，
多種蔬菜、肉絲與冬粉拌炒，色彩繽紛超開胃。

1 醃牛肉，取一空碗將牛肉、鹽、胡椒粉、米酒、蒜泥、白砂糖拌勻醃漬約 10 分鐘，可去腥味同時讓肉入味。

2 起一熱鍋噴油，把牛肉、菠菜、紅蘿蔔、木耳、秀珍菇、洋蔥、紅黃椒個別炒熟備用，因為肉已經有調味了，所以其他蔬菜可加一點點鹽調味。

3 煮韓式冬粉，起一鍋水煮冬粉約 10 分鐘，煮好瀝乾，起一熱鍋噴油，把冬粉放入鍋內加低鹽醬油、料理糖液一起拌炒約 1 分鐘後起鍋備用。

4 將步驟 3 的冬粉與步驟 2 所有的食材倒入鍋內拌勻，再加入芝油、白芝麻拌勻即可。

牛肉：100g，切絲 鹽：1小匙
胡椒粉：1/2匙 米酒：1湯匙
蒜泥：1湯匙 白砂糖：1湯匙

菠菜：50g，切段 紅蘿蔔：50g，切絲
乾木耳：50g，先用水泡開後切絲
秀珍菇：50g，手撕成絲
洋蔥：50g，切絲 紅椒：30g，切絲
黃椒：30g，切絲 韓式冬粉：100g
低鹽醬油：2湯匙 料理糖液：3湯匙
芝麻油：適量 白芝麻：適量

kim's note

◎不吃牛的人可以用豬肉代替。韓式雜菜做法很簡單，只是記得每樣食材都要分開炒，再合體在一起。

◎如果要給小朋友或長輩吃，冬粉燙好後可用剪刀剪成小段，以免不好吞嚥。

◎做好的雜菜可放進冰箱一周，要吃的時候拿出來平底鍋加熱就可以吃。

#40 폭탄 계란찜

爆炸蒸蛋

一開蓋就香氣爆表，

口感濃郁綿密，還帶有淡淡焦香味。

12公分直徑陶鍋：1個
鋁箔紙：1大張
蛋：5個
泡打粉：1湯匙
水：90ml
鹽：1／2湯匙
白砂糖：1／2小匙
芝麻油：1／2湯匙
蔥花：10g

1 取一個空碗打入 5 個全蛋、泡打粉攪拌均勻。

2 在陶鍋內倒入水、鹽、糖拌勻，加入芝麻油後以中小火煮開。

3 水滾後加入步驟 1 的蛋液，轉中小火繼續攪拌到蛋液呈塊狀爲止。

4 蛋液呈塊狀轉後轉小火，並拿鋁箔紙蓋住陶鍋，看到有蛋液溢出立刻關火並計時約 2 分鐘，時間到取出鋁箔紙蓋撒上蔥花、白芝麻即可享用。

kim's note

◎要讓爆炸蒸蛋蓬鬆鼓起來的重點，要以同樣大小的陶鍋當成鍋蓋蓋住，家裡只有一個陶鍋該怎麼辦？這個時候只要先找出一個能夠蓋住陶鍋的碗就可以，拿一張鋁箔紙完整包覆在碗的外圍，包緊一點要做成陶鍋暫時的蓋子。

#41 옥수수치즈전

玉米起司煎餅

酥脆餅皮搭配玉米清甜，
香濃滋味讓人欲罷不能，當點心或宵夜都適合。

1 將玉米粒瀝乾水分。

2 拌入高麗菜、煎餅粉、起司絲、水，均勻攪拌。

3 起一熱鍋噴油，放入適量的玉米高麗菜糊以小火慢慢煎約 2 分鐘，記得邊煎邊塑型。

4 時間到了要翻面，繼續煎 2 分鐘。

5 喜歡起司的人可再多放些起司平鋪在煎餅上，等起司融化就可以起鍋了。

6 要吃之前可以再加上煉乳。

- 玉米粒罐頭：1罐（約200g）
- 高麗菜：100g，切丁
- 煎餅粉：5湯匙
- 起司絲：約50g，可視個人喜好調整
- 水：1湯匙
- 煉乳：20g

kim's note

◎家裡如果沒有煎餅粉，也可用酥炸粉取代。

◎煎餅不要一下放太多，太大塊怕翻面會碎掉。

◎因玉米粒是熟的，煎的時候只要看高麗菜是否熟了就可以。

◎不喜歡煉乳的人也可以不加。

#42 호떡

韓國糖餅

完美複刻韓綜美味，

一口咬下感受內餡溫熱，韓式小吃輕鬆上桌。

1 溫水加入酵母攪拌。

2 將高筋麵粉、糖倒入碗內拌勻，再加鹽拌勻，將步驟 1 的酵母溫水倒進來攪拌，再加植物油繼續攪拌成麵糰。把麵糰取出用手揉到不黏手的程度。

3 揉好的麵糰再放回碗裡蓋上保鮮膜，準備靜置發酵 2 小時。要放在比較溫暖的地方比較容易發酵。

4 將花生以調理機打碎，加入黑糖粉均勻混合。

5 將發酵後的麵團分為每個 48g 左右的小麵團。

6 雙手先沾取橄欖油（避免沾黏），將麵糰揉捏成手掌大小，包入步驟 4 的黑糖花生粉捏成圓餅狀。

7 起一熱鍋噴油，將糖餅收口處朝下煎熟至金黃（先不要按壓），翻面後再以鏟子輕輕按壓，讓糖餅變薄、直徑變大。待兩面煎至金黃即可。

溫水：180ml

酵母：4g

高筋麵粉：250g，要先過篩

白砂糖：20g

鹽：3g

植物油：30g

花生：50g

黑糖粉：200g

kim's note

◎本次的食材份量約可做出 10 個糖餅。

◎酵母一定要放在溫水，過燙的水會讓酵母死掉，冷水會讓酵母處於休眠狀態。

◎麵粉裡面放鹽巴、糖的時候千萬別一起放，一定要先放鹽攪拌均勻後再放糖。

◎家裡有攪拌機可以攪拌機代替，沒有的話就只能徒手揉麵團了。家裡如果有現成花生粉可以直接使用。

#43 모짜렐라 핫도그

韓式起司熱狗

麵衣酥脆起司還會牽絲，
超療癒美食，完美還原韓國好滋味。

1 溫水加入酵母攪拌。

2 高筋麵粉、白砂糖倒入碗內拌勻，再將鹽倒入拌勻；把步驟1的酵母水倒進碗裡加入蛋拌勻成麵糊，要拌到沒有粉塊，以保鮮膜蓋住碗靜置常溫發酵約2小時。

3 將莫札瑞拉起司切成和熱狗一樣大小的條狀。

4 以竹筷子穿過熱狗、莫札瑞拉起司並撒上麵粉，再將步驟2的麵糊均勻包覆熱狗串、撒上麵包粉，並以手調整塑型。

5 準備一小鍋炸油，以中火加熱至170°C，放入熱狗串讓每一面均勻受熱，炸至外皮金黃即可起鍋。

6 讓熱狗均勻沾上糖（份量外），可依個人喜好再擠上番茄醬、芥末醬、美奶滋。

- 酵母：6g 溫水：225ml
- 高筋麵粉：250g，先過篩
- 白砂糖：28g 鹽：4g
- 蛋：1個 熱狗：6條，對切
- 莫札瑞拉起司：300g 麵粉：30g
- 麵包粉：80g 蕃茄醬：50g
- 芥末醬：50g 美乃滋：50g

kim's note

◎此麵糊份量可以做6支熱狗。

◎步驟1的糖、鹽記得要分開放，不要同時一起加。

◎竹筷子盡量插在熱狗、莫札瑞拉起司中心，以免下油鍋遇熱重量不平衡，熱狗、莫札瑞拉起司會攔腰折斷。

◎步驟7的沾醬可依個人喜好調整。

#44 명절 모듬전

韓國大節慶煎餅

大節慶全家人一起做煎餅，
把各式各樣食材裹粉煎，色彩繽紛讓人流口水。

香菇煎餅、肉丸煎餅、芝麻葉煎餅

1 製作內餡，將豬肉絲、紅蘿蔔、板豆腐、蛋、鹽、高筋麵粉、蛋放入鍋內拌勻備用。

2 在香菇背上雕花，香菇兩面先撒一點麵粉，把步驟 1 的內餡塡入香菇中再撒上麵粉。剩下的餡料可以做成丸子煎餅，塑型後記得兩面都要再撒上麵粉。

3 取一片芝麻葉兩片撒上麵粉，將步驟 1 的內餡包在芝麻葉中備用。

4 拿一個空碗打入 10 個全蛋打散，並在料理平盤上倒入蛋液，再將香菇肉餅、丸子肉餅放入盤內兩面均勻沾滿蛋液。

5 起一熱鍋噴油，把步驟 4 的香菇肉餅、丸子肉餅、芝麻葉煎餅放入鍋子煎熟，香菇肉餅因有厚度，可蓋上鍋蓋較容易熟，煎熟即可起鍋。

牙籤三色煎餅

1 將蔥、蟹肉棒、黃蘿蔔、火腿切成一樣的長度。

2 以牙籤將蟹肉棒、火腿、蔥綠、黃蘿蔔、蔥白、蟹肉棒固定好，再將兩面均勻灑上麵粉。

3 將步驟 2 撒均勻沾裹蛋液，放入熱鍋內排列整齊煎熟，有空隙的地方用蛋液補滿，兩面煎熟後起鍋。

櫛瓜煎餅

每片櫛瓜撒上鹽，兩面撒麵粉後，將櫛瓜放入蛋液中沾滿蛋液，再放入鍋內煎熟，可在櫛瓜上放入辣椒片，顏色看起來比較漂亮，煎熟起鍋。

板豆腐煎餅

板豆腐塊撒上鹽，放入蛋液中沾滿蛋液，再放入鍋內煎熟，可在板豆腐上放入辣椒片，顏色看起來比較漂亮，煎熟起鍋。

魚片煎餅

鯛魚片撒上鹽、胡椒粉後靜置約 30 分鐘後，將兩面均勻撒上麵粉，再放入蛋液中沾滿蛋液，可在魚片上放小片山筒篙裝飾，放入鍋內煎熟起鍋。

煎餅用

蛋：10個，全蛋打散

麵粉：200g

香菇煎餅、肉丸煎餅、芝麻葉煎餅

新鮮香菇：5朵

豬絞肉：200g

紅蘿蔔：1／4條，切碎

板豆腐：1／2塊，捏碎

蛋：1個

鹽：1湯匙

高筋麵粉：1湯匙

芝麻葉：5片

牙籤三色煎餅

蔥：3支，切段

蟹肉棒：70g，切段

黃蘿蔔：50g，切段

火腿：70g，切段

牙籤：約5支

櫛瓜煎餅

櫛瓜：1／2條，切片

鹽：1/2小匙

紅辣椒：1／4條，切片

板豆腐煎餅

鹽：1/2小匙

紅辣椒：1／4條，切片

板豆腐：1／2塊，切片

魚片煎餅

鹽：1/2小匙

鯛魚片：100g，切片

鹽：1/2小匙

胡椒粉：1/2小匙

山茼蒿：數片

kim's note

◎香菇煎餅因爲有厚度，煎的時候可以用鍋蓋蓋起來，可以讓煎餅較快熟。

◎所有的煎餅都可以同一支鍋子煎就好，油的用量請自行斟酌添加。

◎這道大節慶煎餅是韓國在過中秋這種大節日會做的料理，因爲要備非常多料，所以要在這種大型節日家人都在家，可以一起幫忙的時候才會做。

◎吃不完沒有關係，可以直接以保鮮盒放進冷凍庫，一個月內吃完就可以。

#45 청포묵무침

韓式涼拌橡實凍

鹹香醬料清爽可口，

冰涼Q彈類似台式涼粉，非常開胃。

1 綠豆粉加水放入鍋內煮滾（綠豆粉：水 =1：5）記得要邊煮邊攪拌，滾後轉小火繼續攪拌約煮約 5 分鐘可以煮熟。過程若感到太黏無法攪動的時候可以放一些水來稀釋濃度，記得一定要煮滿 5 分鐘，才能確認綠豆粉有煮熟。

2 將煮熟的橡實凍倒入容器中放涼，之後進冰箱冰到呈現全白色的固體狀。

3 取出步驟 2 橡實凍切小片。

4 起一鍋滾水，將橡實凍片放入鍋內加熱到呈現透明即可起鍋。

5 將橡實凍、醬油、芝麻油、白芝麻拌勻，再加入海苔、蔥花即可。

- 綠豆粉：90g
- 水：450ml
- 低鹽醬油：2湯匙
- 芝麻油：1湯匙
- 白芝麻：5g
- 蔥：1支，切蔥花
- 海苔：5g

kim's note

◎做好的橡實凍可以放進冰箱內保存，要吃的時候拿出來先燙熟再涼拌。

◎這是一道低卡、健康的不辣料理。

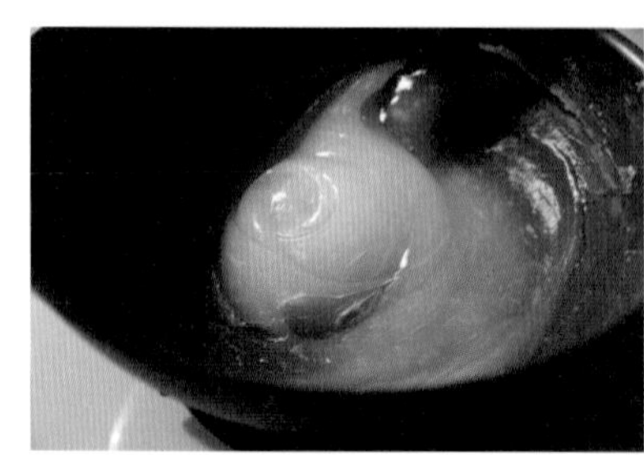

後記

特別感謝我的貴人、很挺我的心湄姊。當出版社問我關於推薦人選，心湄姊是第一位站出來幫我推薦的前輩！她不只在節目上給我機會說明我發生的意外，讓誤解我的人能了解眞相，當我覺得孤單、想念韓國家鄉的時候，心湄姊就像是我在台灣的家人一樣照顧我。此外，還介紹許多前輩給我，像是美鳳姊、寶媽、還有很多很多人都給我很多愛的力量！

我也非常感謝寶媽，願意當我的掛名推薦人！寶媽眞的也非常照顧我、常常幫我打氣並給我鼓勵，才讓我能有信心來完成這本韓式食譜。所以我也希望讀者寶貝們，除了和我一起玩韓式料理外，也要支持心湄姊和寶媽的 YT 網路節目。

當然還有很多我要感謝的前輩們，謝謝大家都很挺我，讓我感受到滿滿的人情味，我愛妳們！希望這本書能讓大家都做出好吃的韓式料理！